레이먼 킴 심플 쿠킹 1. 고기와 버터

초판 1쇄 인쇄 2017년 7월 21일 초판 1쇄 발행 2017년 7월 31일

지은이 레이먼 킴
펴낸이 연준혁

출판본부 이사 김은주
출판1분사 분사장 한수미
책임편집 최연진
디자인 강경신

사진 심윤석 그리고 정민영, 방성혁, 이해리(스튜디오 심)
푸드 스타일링 김은아(차리다 스튜디오)

펴낸곳 (주)위즈덤하우스 미디어그룹 출판등록 2000년 5월 23일 제13-1071호
주소 경기도 고양시 일산동구 정발산로 43-20 센트럴프라자 6층
전화 031)936-4000 팩스 031)903-3893 홈페이지 www.wisdomhouse.co.kr

값 9,900원
ⓒ레이먼 킴, 2017
ISBN 978-89-98010-62-1 14590
ISBN 978-89-98010-66-9 (세트)

* 이 도서의 국립중앙도서관 출판예정도서목록(CIP)은 서지정보유통지원시스템 홈페이지(http://seoji.nl.go.kr)와
  국가자료공동목록시스템(http://www.nl.go.kr/kolisnet)에서 이용하실 수 있습니다.(CIP제어번호: CIP2017017039)

RAYMON KIM SIMPLE COOKING MEAT & BUTTER

레이먼 킴 심플 구킹1. 고기와 버터

레이먼킴 지음

위즈덤스타일

이 책이
당신의 냄비 받침으로
쓰이길 바란다

셰프의 레시피란, 함께 일하는 동료들에게는 설명서이자 교과서이며 언제나 그 맛과 양과 질을 지키겠다는 손님과의 약속이므로 레스토랑의 정체성이기도 하다. 그만큼 레시피에는 책임감이 따른다.

열다섯이 되던 해 캐나다로 이민을 가 직업으로 요리사 생활을 시작했던 때가 스물한 살이다. 고된 노동을 마치고 집에 오면 아무리 늦은 시간에라도 그날 배운 새로운 요리법이나 만들어보았던 요리들을 정리하고, 그림을 그리고 색을 칠해가며 레시피를 만들던 시간이 있었다. 돌이켜보면 그 레시피들은 정말 한심한 수준의 것들이 대부분이다. 하지만 요리에 특출한 재주가 없던 어린 동양인 요리사 지망생이 셰프가 되리라는 미래를 상상하며 할 수 있었던 유일하고도 즐거운 돌파구였고, 지금 내 레스토랑에서 실제로 쓰이는 프로페셔널한 레시피들의 기초가 되었다. 지금의 나를 만들어준 시간이 고스란히 담긴 더없이 귀중한 자료이다.

이 책은 태어나서 요리사로서 만드는 첫 요리책인 만큼 의미 있는 작업이다. 작업을 시작하며 이런저런 구상을 하고 회의를 하는 동안 무게감 있는 에세이나 화보 같은 멋진 사진들을 넣을까 진지하게 고민하기도 했다. 레시피를 몇 번이나 수정하고 다시 요리를 만들어보면서 '이건 너무 쉬운 것 아닌가? 대단한 레시피가 아니라서 실망하는 것은 아닐까?'라는 생각을 했던 것도 사실이다.

하지만 결국, 셰프로서의 중압감과 책임감은 내가 몸담고 있는 레스토랑의 주방 속에 넣어두고, 그저 직업이 요리사인 사람으로서 누군가 간단히 해 먹을 수 있는 음식을 물어본다면 그 누구에게라도 편하게 설명할 수 있는 레시피만을 적기로 했다. 그게 요리하는 즐거움이 아닌가. 물론 이 책의 몇 가지는 어려울 수 있으리라 예상하고 있다. 그래도 내게 특별한 레시피인 만큼 꼭 소개하고 싶었다.

그러므로 당신과 함께 만들 이 레시피들은 일반 가정에서 누구나 쉽게 요리할 수 있도록 복잡한 기구의 사용이나, 구하기 힘든 재료들, 전문가나 할 수 있을 듯한 조리법은 제외했다. 그 시절의 친구들을 위해 만들었던 요리들과, 함께 일하던 동료들과의 한 끼 식사, 이민자들의 사회인 캐나다에서 배운 가정식을 한국 실정에 맞게 적어보았다.

첫 요리책을 내는 바람이 있다면 당신이 고른 이 책이 요리가 필요할 때 한두 번 보고 이내 책장에 꽂혀 그대로 자리 잡지 않았으면 한다. 주방 한구석에 계속 머물면서 일주일에 한두 번은 펼쳐지고 사용되고 읽혀져 낡고 색이 바랠 만큼 당신의 주방에서 떠나지 않는 책이었으면 한다. 그래서 이 책이 냄비 받침 대신 쓰이기를 바란다.

당신에게 꼭 필요한 레시피 다섯 가지 정도는 이 책에서 찾을 수 있기를 간절히 바라며 언제나 "잘 먹고, 잘 사는(Eat Well, Live Well)" 라이프스타일을 이루길 바라고 바라고 바란다.

『고기와 버터』를 펴내며

시대가 변하면서 요즘 식탁에 고기가 올라온다는 건 더 이상 특별한 일이 아니지만 여전히 한식이 아닌 서양식 고기 요리로 한 끼를 차리려고 마음먹으면 특별한 날의 이벤트가 된다. 하지만 서양식 고기 요리란 꼭 어렵고 특별한 것만 있는 것이 아니다. 오히려 만들기 쉽고, 의외로 준비가 간단하며, 무엇보다 한식과는 다르게 요리하는 사람도 함께 자리에 앉아서 식사를 즐길 수 있다는 큰 장점이 있다.

이 책을 펼친 당신은 오늘부터 쉽고 편안한 서양음식 한 끼를 당신의 식탁에서 가족이나 친구와 함께 즐길 수 있을 것이다. 그것도 아주 근사하게. 그런데 왜 하필이면 고기와 함께 버터를 주제로 삼았느냐고? 답은 아주 간단하다. Nothing better than Butter! 건강을 생각해서 올리브유와 코코넛 오일을 생각할 수도 있겠으나 고기 요리에 질 좋은 버터 한 조각은 그 어떤 조미료와도 바꾸기 어렵다. 고기와 버터 이 두 가지만 있으면 당신과 당신의 사랑하는 사람들이 행복해지리라고 확신한다.

한 가지 덧붙이자면, 소고기나 돼지고기 혹은 그 어떤 고기라도 한 근(600g)을 요리하기 위해서는 그만큼 고마운 생명을 잡아야 하는 것과 다름없다. 그렇기에 단 1g이라도 낭비를 하거나 이유 없이 버릴 수 없는 것이 특히 고기 요리이다. 그래서 최대한 맛있게, 최대한 남김 없이 쓰고자 만들어낸 레시피들이 이 책 속에 녹아 있다.

고기 육수 내는 법

가장 재미없고, 가장 시간이 많이 들고, 가장 품을 많이 팔아야 하는 일이지만, 가장 티가 안 나는, 그렇지만 가장 기본적이고 중요한 우리 레스토랑의 고기 육수 레시피를 특별히 알려드립니다.

3ℓ · 7시간 이상

재료　　소 잡뼈 3kg, 당근 2개, 셀러리 3대, 양파 3개, 마늘 6알, 타임(생) 5줄기
　　　　　파슬리 줄기(생) 8줄기, 로즈메리(생) 3줄기, 월계수 잎 3장, 통후추 20알

Option　　토마토 페이스트 2큰술, 레드와인 1/4컵

만드는 법

01｜ 오븐을 220℃에 맞춘다.

02｜ 소뼈는 흐르는 찬물에 깨끗이 씻어 말려둔다.

03｜ 당근 4등분, 셀러리 2등분, 양파는 껍질이 있는 채로 4등분을 한다.

04｜ 타임, 파슬리 줄기, 로즈메리는 조리용 끈으로 묶어둔다.

05｜ 오븐에 들어갈 수 있는 팬에 썰어둔 당근, 셀러리, 양파와 마늘을 깔아준다.

06｜ 채소 위에 소뼈를 올려 오븐 속에서 1시간 정도 뼈가 노릇해질 때까지 익힌다.

07｜ 8L 이상 냄비에 오븐에서 익힌 소뼈와 채소들을 모두 넣는다. 이때 오븐 팬에 남은 기름과 육즙들은 모두 버린다.

08｜ 내용물 위에 찬물을 적어도 15cm 이상 부은 뒤 허브들과 통후추를 넣고 센 불에서 5분 정도 한소끔 끓이고 중간 불로 낮춰 30분 정도 끓이면서 철망이나 국자로 불순물을 계속 제거한다.

09｜ 30분이 지나면 약한 불에서 5시간 정도 졸이듯이 끓인다.

10｜ 뼈와 채소를 건져내고 국물을 면포에 한 번 거른 다음 식혀서 마지막으로 기름을 거둬낸 뒤 사용한다.

TIP

• 육수를 진하고 약간 기름기 있게 끓이려면 오븐에서 꺼낸 팬에서 기름과 즙을 버리지 말고 따로 중간 불에 올려서 토마토 페이스트 2큰술과 레드와인 1/4컵을 넣은 뒤에 나무주걱 등으로 와인의 양이 절반으로 줄도록 5분 정도 바닥을 긁어가면서 끓인 뒤 육수에 함께 넣고 끓인다.

• 육수를 끓일 때 물이 차가울수록 불순물 제거가 편하고 뼈가 먼저 뜨거운 물에서 익지 않아 육수 색이 밝고 잘 나온다. 이때 얼음을 반 정도 섞으면 시간은 길어지나 국물은 더 잘 나온다.

전체 계량(중요 품목)

1컵	=	250ml
버터 1컵	=	227g
중력분 1컵	=	128g
강력분 1컵	=	136g
백설탕 1컵	=	201g
흑설탕 1컵	=	220g
꿀, 메이플 시럽 1컵	=	340g
1큰술	=	15ml
1작은술	=	5ml
양파 1개	=	약 200g
당근 1개	=	약 150g
파프리카 1개	=	약 180g
감자 1개	=	약 200g
셀러리 1대	=	약 25cm(잎 제외)
다진 마늘 1큰술	=	마늘 3알

스테이크 굽는 법

그릴 스테이크(230°C 이상)

소고기 채끝(두께 3.5cm)

레어 Rare	• 한 면에 3분씩 • 한 면에 1분 30초씩 각 2회	포일에 감싸 4분간 레스팅*
미디엄 레어 Medium Rare	• 한 면에 4분씩 • 한 면에 2분씩 각 2회	포일에 감싸 4분간 레스팅
미디엄 Medium	• 한 면에 5분씩 • 한 면에 2분 30초씩 각 2회	포일에 감싸 5분간 레스팅
웰 던 Well Done	미디엄과 같은 방식으로 굽고 나서 190°C 오븐에 3분간 더 익힌다.	포일에 감싸 5분간 레스팅

소고기 등심(두께 3cm)

레어 Rare	• 한 면에 1분 40초씩 • 한 면에 50초씩 각 2회	포일에 감싸 3분간 레스팅
미디엄 레어 Medium Rare	• 한 면에 2분 20초씩 • 한 면에 1분 10초씩 각 2회	포일에 감싸 3분간 레스팅
미디엄 Medium	• 한 면에 2분 40초씩 • 한 면에 1분 20초씩 각 2회	포일에 감싸 4분간 레스팅
웰 던 Well Done	미디엄과 같은 방식으로 굽고 나서 190°C 오븐에 1분간 더 익힌다.	포일에 감싸 4분간 레스팅

--- Tip ---

01 | 고기는 미리 꺼내두어 상온의 온도에 맞추어 굽는다. 너무 차갑거나 뜨거우면 원하는 고기 속 온도가 나오지 않아 맛있게 익히기 힘들다.

02 | 고기에 버터나 오일을 약간 발라 굽는 동안 마르지 않게 한다.

03 | 그릴에 고기를 얹을 때는 고기의 두께가 최대 5cm를 넘지 않도록 해야 고기 속까지 익힐 수 있다.

04 | 팬 스테이크와는 다르게 소금이나 염분을 너무 미리 뿌려두면 고기에서 육즙이 빠져나가기 시작하니 10분 전쯤에 뿌리도록 한다.

05 | 고기에 먹음직스럽게 그릴 마크를 내자면 10시 방향으로 고기를 한 번 놓고 뒤집을 때 2시 방향으로 한 번 놓는다.

06 | 육즙이 빠져나가니 절대로 포크나 칼로 고기를 찔러보면 안 된다.

* 레스팅 : 완성된 스테이크를 따뜻하게 감싸 3~5분 두었다 먹는 것. 바로 썰어 먹으면 육즙이 흘러나와 퍽퍽해지고, 레스팅을 거치면 겉은 바삭하고 속은 부드럽게 육즙을 머금는다.

팬 프라이 스테이크(230°C 정도)

소고기 채끝(두께 3.5cm)

레어Rare	한 면에 2분 30초씩	포일에 감싸 4분간 레스팅
미디엄 레어 Medium Rare	한 면에 3분 20초씩	포일에 감싸 4분간 레스팅
미디엄Medium	한 면에 4분 30초씩	포일에 감싸 4분간 레스팅
웰 던 Well Done	미디엄과 같은 방식으로 굽고 나서 190°C 오븐에 4분간 더 익힌다.	포일에 감싸 4분간 레스팅

소고기 등심(두께 3cm)

레어Rare	한 면에 1분 30초씩	포일에 감싸 4분간 레스팅
미디엄 레어 Medium Rare	한 면에 2분씩	포일에 감싸 4분간 레스팅
미디엄Medium	한 면에 2분 20초씩	포일에 감싸 4분간 레스팅
웰 던 Well Done	미디엄과 같은 방식으로 굽고 나서 190°C 오븐에 2분간 더 익힌다.	포일에 감싸 4분간 레스팅

—— **Tip** ——

01| 고기는 미리 꺼내두어 상온의 온도에 맞추어 굽는다. 너무 차갑거나 뜨거우면 원하는 고기 속 온도가 나오지 않아 맛있게 익히기 힘들다.

02| 팬에 고기를 얹을 때는 고기가 6cm 두께를 넘지 않도록 해야 고기 속까지 익힐 수 있다. 6cm 이상의 고기를 익힐 경우는 마지막에 180°C 정도의 오븐을 사용해야 한다.

03| 팬 스테이크를 할 때 필요한 버터나 허브, 마늘 등은 철저하게 취향대로 사용하면 된다.

04| 팬 스테이크를 구울 때는 특별한 경우를 제외하고 후추를 미리 많은 양을 뿌리면 쉽게 타므로 주의한다.

05| 육즙이 빠져나가니 절대로 포크나 칼로 고기를 찔러보면 안 된다.

소
고
기

01_BEEF

16 RECIPES

Pepper Steak

Thai Style Beef

Sloppy Joes

Beef Stuffing for Taco

Ragu

Chuck Roll Pasta

Dark Beer Stew

Pressure Cooker Chuck Chili

Beef Stroganoff

Braised Ox Tail

Steak Diane

Marinated Steaks

Rib-eye Steak in a Whiskey Marinade

Chuck Steak in a Herb & Vinegar Marinade

Top Round Steak

Flat Iron Steak

Chuck Steak in Mexican Style Marinade

PEPPER STEAK

중국식 피망 스테이크

아직 영어가 짧던 고등학생 시절, 처음으로 사귄 백인 친구 집에 초대받아 먹어본 북아메리카 가정식 스테이크 요리. 젊은 시절 홍콩에 다녀오셨다는 제이슨의 할머니는 나를 끝까지 중국인이라고 아셨다. 그래서 그날도 중국식으로 요리를 해주셨다. 물론 맛은 끝내줬다.

4인분 · 30분

재료   부채살 680g, 초록 피망 2개, 빨간 파프리카 1개, 마늘 3알, 양파 1개
버터 1큰술, 진간장 1/4컵, 물 2큰술, 꿀 1/3컵, 레드와인 식초 1/4컵
올리브유 2큰술, 흑후추 약간

곁들이기   태국산 자스민 라이스 혹은 쌀밥 4인분, 쪽파 약간, 통깨 약간, 고수 약간

만드는 법

01 | 피망과 파프리카는 씨를 빼고 약 0.5cm 굵기로 길게 채를 썰어둔다.

02 | 마늘은 다지고 양파는 잘게 썰어둔다.

03 | 부채살은 가운데 근막과 근육질들을 모두 제거하고 피망 사이즈로 자른 뒤 후추를 뿌려 20분 정도 둔다.

04 | 진간장과 물은 섞어둔다.

05 | 두꺼운 팬에 올리브유를 두르고 센 불로 온도를 높이다가 버터를 넣고 양파, 피망, 파프리카를 3분 정도 볶은 다음 중간 불로 줄인 뒤에 마늘을 넣고 약 3분 더 볶은 뒤 다른 그릇으로 옮겨둔다.

06 | 채소를 볶았던 팬을 중간 불로 맞춘 뒤에 꿀, 물과 섞은 진간장, 레드와인 식초를 넣고 한 번 살짝 끓인 뒤에 부채살을 넣고 10분 정도 익힌다.

07 | 다른 그릇에 옮겨놨던 채소들을 팬에 함께 넣고 10분 정도 더 볶는다.

08 | 태국산 자스민 라이스로 지은 밥이나 흰쌀밥 위에 얹고 기호에 맞춰 쪽파, 통깨, 고수 등을 올린다.

THAI STYLE BEEF

태국 스타일 소고기 덮밥

내가 장담한다, 이걸 만든다면 당신은 이태원의 그 어떤 태국 음식점의 소고기 덮밥도 사
먹지 않게 될 것이다. 40분을 기꺼이 투자해 직접 만들어 먹게 될 것이다.

4인분 · 40분

재료	우둔살(다짐육) 450g, 대파 1컵, 마늘 2작은술, 레드 커리 페이스트 1 1/2작은술 토마토소스(4권 『감자와 토마토』 34쪽 참조 혹은 시판용) 1컵, 코코넛 밀크 1/2컵 흑설탕 1큰술, 라임 제스트(껍질 간 것) 약간, 라임즙 1 1/2작은술 피시 소스 1큰술, 식용유 약간, 소금 약간, 후추 약간
곁들이기	쥐똥고추 절임 약간, 타이 바질 약간, 고수 약간 자스민 라이스 혹은 쌀밥 약간

만드는 법

01 | 대파는 잘게 다져서 흰 부분과 초록 부분을 섞어서 1컵을 만든다.

02 | 마늘도 잘게 다져 2작은술을 준비한다.

03 | 큰 팬을 중간 불에 올리고 식용유를 약간 뿌려 대파를 4~5분 볶는다.

04 | 대파가 익으면 마늘을 넣고 1분 정도 더 볶아준다.

05 | 고기를 넣고 고기가 부스러지지 않게 살살 저으면서 연한 갈색이 되도록 8분 정도 익
힌 뒤 소금과 후추를 뿌려 밑간을 한다.

06 | 볶은 고기 위에 레드 커리 페이스트를 넣고 1분 정도 더 볶다가 토마토소스를 넣고 토
마토소스의 수분이 반 정도로 줄 때까지 10분 정도 졸인다.

07 | ⑥에 코코넛 밀크와 흑설탕, 라임 제스트, 라임즙, 피시 소스를 넣고 3분 정도 끓이다
가 필요하면 소금과 후추로 간을 한 뒤에 밥과 함께 낸다.

08 | 취향에 따라 절인 쥐똥고추를 다져 넣거나 타이 바질, 고수를 얹고, 자스민 라이스로
지은 밥을 함께 낸다.

SLOPPY JOES

슬로피 조

기분 좋은 브런치 한 끼. 먹을 때 식탁은 지저분해지겠지만 북아메리카 어린아이들이 가장 사랑하는 음식 중 하나이다. 입가에 소스를 묻히고 해맑게 웃는 아이를 생각해본다면 그 따위 식탁이야 치우면 그만.

──────── **4인분 · 50분** ────────

재료   우둔살(다짐육) 450g, 양파 1/2개, 초록 피망 1개, 마늘 가루 1/2작은술
엘로 머스터드(양겨자) 1작은술, 케첩 3/4컵, 흑설탕 1큰술
식용유 약간, 소금 약간, 흑후추 약간

곁들이기   모닝롤 8개, 햄버거 빵 4개, 체더 치즈 약간

──────── **만드는 법** ────────

01ㅣ 양파와 피망을 곱게 다져둔다.

02ㅣ 마늘 가루, 머스터드, 케첩, 흑설탕을 잘 섞어 소스를 만들어둔다.

03ㅣ 두꺼운 팬에 식용유를 살짝 두르고 중간 불로 다진 우둔살을 3분 정도 볶다가 피망과 양파를 넣고 10분 정도 더 볶은 뒤 기름과 액체를 모두 따라낸다.

04ㅣ 만들어놓은 소스를 볶은 고기에 뿌리고 잘 섞어서 약한 불에 30분 정도 졸인다.

05ㅣ 소금과 흑후추로 간을 하고 약간 식혀서 모닝롤이나 햄버거 빵 중에 기호에 따라 중간에 넣고 체더 치즈를 갈아 올린다.

BEEF STUFFING FOR TACO

타코를 위한 소고기 소

타코를 만들어보자. 타코를 〈타코 벨〉(미국에 본점을 둔 타코 음식 전문점. 한국에도 여러 지점이 있음)에 가서 먹는 건 새벽 2시가 넘어 클럽에서 나올 때나 먹는 거라고 내 멕시코 친구가 그랬다. 그래서 자기는 클럽에 가기 전이라도 그날 저녁에는 꼭 타코 소를 만들어서 먹는다고, 비록 클럽에서 나와 새벽에 또 〈타코 벨〉에 갈지라도 말이다.

4인분 · 20분

재료　다진 우둔살 혹은 설도(소 뒷다리 넓적다리나 궁둥이 살) 450g, 양파 1개
　　　칠리 파우더 2작은술, 큐민 가루 1 1/2작은술, 코리안다 가루 1/4작은술
　　　소금 1/2작은술, 오레가노(건) 1/2작은술, 마늘 가루 1/2작은술
　　　파프리카 가루 1/2작은술, 옥수수 전분 1/2작은술, 물 1/3컵
　　　버터 1작은술, 식용유 1작은술, 소금 약간

곁들이기　옥수수 타코쉘 8개, 양상추(채 친 것) 약간, 체더 치즈(갈아놓은 것) 약간
　　　　사워크림 약간, 살사 약간, 토마토(다진 것) 약간

만드는 법

01ㅣ 두꺼운 팬에 버터와 식용유를 두르고 다진 양파를 넣은 뒤 갈색이 되도록 5분 정도 익힌다.

02ㅣ 양파가 갈색이 되면 소고기 다짐육을 넣고 5분 정도 다시 볶은 뒤에 옥수수 전분과 물을 제외한 모든 향신료와 소금을 넣고 1분 더 익힌다.

03ㅣ 옥수수 전분과 물을 잘 섞은 뒤에 소고기를 익힌 팬에 붓고 2분 정도 끓여 식힌다.

04ㅣ 기호에 따라 타코쉘이나 토르티아에 소를 넣고 원하는 채소와 치즈, 소스 등을 넣어서 완성한다.

RAGU

라구

라구는 이탈리아 북부 볼로냐 스타일로 전통적으로 파스타와 함께 내는 고기 소스이다. 처음 이 소스를 끓이던 날은 여름이었고 주방의 타는 듯한 불가에서 4시간 동안 이게 무슨 짓이냐고 '1시간만 줄일까? 30분만 줄일까?' 생각했지만 지금 와서 돌이켜보면 '그때 4시간을 끓이지 않았다면 이 맛을 모르겠지'라는 생각에 모골이 송연하다. 하지만 걱정 마시라. 그날의 양은 40인분이었다.

4인분 · 4시간

재료   소고기(다짐육) 300g, 돼지고기(다짐육) 300g
올리브유 60ml, 양파 2개, 당근 1개, 셀러리 1대, 마늘 4알, 타임(생) 3줄기
쥐똥고추 혹은 페퍼론치노(건) 2개, 고기 육수 500ml, 베이컨 혹은 판체타 150g
레드와인 125ml, 토마토 페이스트 250ml, 우유 250ml, 버터 100ml
차이브 6줄기, 바질 10장, 소금 약간, 후추 약간, 파스타(건 스파게티) 320g

곁들이기   파르메산 치즈 약간

만드는 법

01 | 팬에 올리브유를 두르고 중간 불에 잘게 자른 양파, 당근, 셀러리를 넣고 양파가 갈색이 나도록 볶는다.

02 | 팬에 마늘, 타임, 고추 다진 것을 넣고 5분 정도 더 볶아주다가 고기 육수의 반을 넣고 2분 정도 끓인 뒤에 모두 다른 그릇으로 옮긴다.

03 | 같은 팬에 다진 고기들과 다진 베이컨을 넣고 후추를 약간 넣은 뒤에 10분 정도 중간 불에서 볶다가 체에 받쳐서 기름을 제거한다.

04 | 기름을 제거한 내용물을 팬에 다시 옮기고 센 불로 맞춘 뒤 와인을 넣고 와인이 졸 때까지 끓인다.

05 | 팬에 토마토 페이스트를 넣고 5분 정도 약한 불에 볶다가 다른 그릇에 담아두었던 채소와 육수를 넣고 2분 더 볶는다.

06 | 우유를 넣고 2분 정도 더 끓이다가 버터와 나머지 육수 절반을 넣고 다시 5분 정도 끓인 뒤에 불을 아주 약하게 낮추고 소금과 후추, 차이브와 바질을 넣고 소스가 걸쭉해질 때까지 아주 낮은 불로 3시간 정도 졸인다.

07 | 파스타 면을 삶아서 소스에 볶아주거나 면 위에 소스를 뿌려준다.

TIP

- 파스타 면을 삶은 면수는 버리지 말고 소스가 너무 되면 조금 넣어준다.
- 고기의 비율을 소고기 200g, 돼지고기 200g, 송아지고기 200g으로 하면 이탈리아 고유의 방식에 좀 더 가깝다.

CHUCK ROLL PASTA

소고기 목심 파스타

주방에서 일하다 보면 정작 스태프 식사에는 그리 많은 시간을 쓸 수가 없다. 게다가 바쁜 날은 운이 좋아야 한 번이라도 먹는 것이 일명 '스태프밀'! 그럴 때는 일단 빨리 만들고, 쉽고, 오랫동안 배고프지 않도록 포만감 있는 고열량의 재료를 택한다. 대표적인 요리가 바로 이 북아메리카 스타일의 파스타 되시겠다. 누구든지 만들 수 있고 누구든지 좋아할 만한 스태프밀!

4인분 · 30분

재료 소 목심 150g, 파스타(스파게티, 파파델레 등) 320g, 양파 1개, 마늘 4알
사워크림 1/3컵, 데미글라스 소스 1컵, 생크림 1/4컵, 고기 육수 1/2컵
버터 2큰술, 치즈(체더/모차렐라 분쇄) 약간, 소금 약간, 후추 약간, 파슬리 약간

만드는 법

01 | 목심을 얇게 저미고 소금과 후추를 조금 뿌려둔다.

02 | 얇게 채 친 양파와 다진 마늘을 팬에 넣고 볶다가 목심을 넣고 살짝 볶는다.

03 | 사워크림과 데미글라스 소스를 넣은 뒤에 생크림과 육수로 농도를 조절하고, 소금과 후추로 간을 한다.

04 | 파스타는 기호에 맞게 익힌 뒤 소스에 버터와 치즈를 넣고 잘 섞어서 부어준다.

05 | 파슬리를 뿌린다.

DARK BEER STEW

다크 비어 스튜

프랑스 스튜 요리 '비프 부르고뉴'를 만들기 위해 버건디 와인을 사러 갔다가 비싼 와인 가격에 고민했다면 실용적인 아일랜드 사람처럼 맥주로 스튜를 끓여보자. 저렴한 6캔 묶음 맥주를 사면 남은 5캔은 눈치 안 보고 마실 수도 있다. 음식은 남기는 게 아니라고 배웠기에.

―――――――――― **4인분 · 3시간** ――――――――――

재료　　소 목심 750g, 베이컨 3장, 당근 2개, 셀러리 1줄기, 양파 1 1/2개, 마늘 4알
　　　　　흑맥주 1캔(440ml), 토마토 페이스트 1/4컵, 타임 4줄기, 월계수 잎 2장
　　　　　닭 육수(2권 『닭과 달걀』 54쪽 참조) 2컵, 버터 1큰술, 올리브유 2작은술
　　　　　설탕 1작은술, 소금 약간, 흑후추 약간

곁들이기　　으깬 감자(매시드 포테이토) 4인분, 에그 누들 4인분, 빵이나 요크셔 푸딩 약간

―――――――――― **만드는 법** ――――――――――

01| 소고기 목심은 뼈가 없는 부분으로 약 4cm 크기의 정사각형으로 자른 뒤 물 1L에 소금 2큰술을 넣어 녹인 소금물에 40분 정도 담가 핏물을 제거한다. 이때 고기에 기본 간이 밴다.

02| 베이컨은 가로세로 1cm 정도 크기로 잘라놓는다.

03| 당근과 셀러리는 가로세로 2cm 크기로 잘라둔다.

04| 양파는 2~3mm 굵기로 채를 썰어두고 마늘은 곱게 으깨둔다.

05| 스튜를 끓일 두꺼운 냄비에 올리브유 1작은술을 두르고 중간 불에 맞춘 뒤 베이컨을 5분 정도 볶아서 바삭하게 만든다. 바삭한 베이컨은 다른 그릇에 담아놓고 베이컨 기름은 반만 남기고 나머지는 버린다.

06| 소금물에서 꺼낸 소고기 목심의 물기를 잘 제거한 뒤에 후추를 약간 뿌려주고 베이컨 기름을 남긴 스튜 냄비를 센 불에 맞춘 다음 정사각형으로 자른 목심의 모든 면을 갈색이 나도록 잘 구워준다.

07| 스튜 냄비에 바삭한 베이컨을 넣고 중간 불로 낮춘 다음 양파를 넣고 7분 정도 갈색이 나도록 볶아준다. 이때 소금을 2작은술 정도 넣어 양파에도 간을 해준다.

08| 스튜 냄비에 다진 마늘을 넣고 1분 정도 더 볶은 뒤에 흑맥주 1캔을 넣고 센 불로 끓이다가 나무 수저로 냄비의 바닥을 긁어 디글레이즈(바닥에 눌어붙어 있는 것을 국물에 끓여 녹이는 것)해서 색과 풍미를 낸다.

09| 맥주가 한소끔 끓고 나면 불을 중간 정도로 줄이고 토마토 페이스트와 타임, 당근, 셀러리, 월계수 잎, 설탕을 넣고 잘 섞으며 5분 정도 저어준다.

10| 마지막으로 닭 육수를 넣고 다시 센 불로 한소끔 다시 끓이다가 흑후추를 1작은술 정도 넣고 불을 약하게 줄인 뒤 무거운 뚜껑을 덮어 약 2시간 뭉근하게 끓여준다. 이때 소고기와 베이컨 기름을 한 번씩 거두어낸다.

11| 고기가 결대로 찢어질 만큼 부드러워지면 뚜껑을 열고 중간 불 이상으로 올려서 15분~20분 국물이 소스같이 줄어들 정도로 졸인다.

12| 월계수 잎과 타임을 건져내고 소금과 후추로 마지막 간을 한 뒤에 불을 끄고 버터를 넣어 녹인다.

13| 으깬 감자나 에그 누들, 빵, 요크셔 푸딩 등 취향에 맞게 함께 곁들여 먹는다.

PRESSURE COOKER CHUCK CHILI

압력솥을 활용한 칠리 목심

갈아놓은 소고기와 콩으로 오래오래 끓여 만든 소스 형태의 칠리가 아닌 소고기가 덩이로
섭히는 텍사스 스타일의 칠리를 만들고 싶었다. 쉽고 빠르게. 그래서 소고기를 덩이로 잘라
4번의 시도 끝에 성공했다. 언제나 생각하고 실천하는 건 옳다.

4인분 · 1시간 10분

재료   소 목심 750g, 식용유 2큰술, 양파 1개, 마늘 4개, 청양고추 2개
치포틀 페퍼(캔) 1개, 홀토마토(캔) 220g, 초록 피망 1개, 나초 60g
칠리 파우더 2큰술, 파프리카 파우더 2작은술, 큐민 가루 1작은술
케이얀 페퍼 1작은술, 오레가노(건) 1작은술, 물 3/4컵, 맥주 1/2컵
소금 약간, 흑후추 약간

곁들이기   쪽파 약간, 고수 약간, 사워크림 약간

만드는 법

01 | 목심은 약 2cm 크기로 잘라서 소금과 후추를 뿌려 잘 섞은 뒤 상온에 10분 정도 둔다.

02 | 양파, 마늘, 씨를 뺀 청양고추, 캔에서 꺼낸 치포틀 페퍼를 잘게 다진다.

03 | 홀토마토는 과즙만 모으고, 과육은 건져 손으로 꼭 짜서 즙만 220g을 준비한다.

04 | 피망은 씨를 빼고 가로세로 1cm 정도로 잘라놓고 나초는 잘게 부숴둔다.

05 | 바닥이 두꺼운 팬에 식용유 1큰술을 두르고 중간 불에서 목심을 10분 정도 잘 볶은 뒤
에 다른 그릇으로 옮겨 식힌다.

06 | 압력솥에 식용유 1큰술을 두르고 잘게 다져놓은 양파와 마늘, 청양고추와 치포틀 페퍼
를 넣고 5분 정도 익히다가 다른 모든 향신료와 파우더, 허브들을 넣고 2분 정도 향이
나게 볶는다.

07 | 목심과 물, 맥주, 토마토 즙을 넣고 잘 섞은 뒤에 압력솥 뚜껑을 덮고 센 불로 압력솥을
가장 높은 압력에서 작동시킨 뒤 추가 돌아가면 불을 약하게 낮춰 25~30분 익힌다.

08 | 김이 빠지고 나면 뚜껑을 열고 고기의 찢어지는 정도와 농도를 확인한 뒤 자른 피망과
부숴놓은 나초를 넣고 10분 정도 더 익혀 농도를 잡으면서 소금과 후추로 간을 한다.

09 | 기호에 따라 잘게 썬 쪽파, 고수, 사워크림을 얹어 마무리한다.

BEEF STROGANOFF

비프 스트로가노프

비프 스트로가노프는 볶은 소고기에 사워크림 소스를 곁들인 러시아 요리다. 만약에 내가 러시아 출신 친구가 해준 스트로가노프만큼의 버터와 사워크림을 넣었다면 여러분은 이 레시피를 찢어버리고 싶을지도 모른다. 하지만 내가 다시 만든 이 분량이면 그럴 일이 없을 테니 안심하고 오늘 시도해보면 어떨까?

4인분 · 50분

재료 소고기 등심 360g, 버터 4큰술, 마늘 2알, 양파 1개, 양송이 160g, 물 1/4컵
비프 불리온 큐브(육수용) 1개, 사워크림 1/2컵, 디종 머스터드 1큰술
파슬리 2큰술, 소금 약간, 흑후추 약간

곁들이기 쌀밥, 파스타(탈리아텔레 등 납작하고 넓은 면)

만드는 법

01 | 등심은 얇고 길게 썰어둔다.

02 | 팬에 버터 2큰술을 넣고 다진 마늘, 얇게 편으로 썬 양파, 가늘게 채 썬 양송이를 센 불에 볶다가 뚜껑을 덮고 불을 아주 약하게 낮춰서 10분 정도 졸인다.

03 | 마늘, 양파, 양송이에서 나온 즙까지 모두 팬에서 다른 그릇으로 옮겨둔다.

04 | 같은 팬에 버터 2큰술을 마저 넣고 등심을 익히면서 소금과 후추로 약간만 간을 한 뒤에 5분 정도 더 익힌다.

05 | ③에 물과 비프 불리온 큐브, 옮겨두었던 채소 볶음과 즙, 소금을 넣고 한 번 끓인 뒤에 뚜껑을 덮고 약한 불에서 15분 정도 졸인다.

06 | 졸이던 불을 다시 한 번 세게 끓인 뒤에 불을 약하게 낮추고 사워크림과 디종 머스터드를 넣는다. 단, 이때 끓이지 말고 데우는 정도로 따뜻하게 섞는다.

07 | 파슬리를 뿌리고 쌀밥이나 파스타에 얹어서 낸다.

BRAISED OX TAIL

소꼬리찜

이탈리아 밀라노에는 소 뒷다리 정강이 부위를 화이트와인으로 푹 쩌낸 '오소부코'라는 기가 막힌 요리가 있다. 캐나다 시절, 밀라노 출신 요리사에게 오소부코를 정강이 말고 또 무엇으로 만들 수 있는지 묻자 그가 웃으며 되물었다. "정강이 말고 뭘로 오소부코를 만들 수 있겠느냐"라고. 그런데 오소부코 스타일로 소꼬리를 화이트와인이 아닌 레드와인으로 푹 졸여 냈을 때 그가 내게 물었다. 이 오소부코 맛의 요리는 정체가 뭐냐고.

4인분 · 3시간 50분

재료   소꼬리 1kg, 홀토마토 캔(즙 제외) 500g, 레드와인 500ml
토마토 페이스트 2큰술, 양파 2개, 당근 1/2개, 셀러리 1개, 대파 2개
마늘 4알, 오렌지 1개, 파슬리(생) 2큰술, 타임(생) 1큰술
통후추 15알, 월계수 잎 2장, 밀가루 4큰술, 올리브유 3큰술, 시금치 100g
버터 2큰술, 파르메산 치즈(분쇄) 4큰술, 소금 약간, 후추 약간, 물 약간

곁들이기   파스타 혹은 밥

만드는 법

01 ｜ 소꼬리를 기름을 제거하고 찬물에 1시간 정도 담가서 핏물을 뺀다.

02 ｜ 양파, 당근, 셀러리는 큼지막하게(5cm X 5cm) 잘라서 올리브유에 5분 정도 볶은 뒤 따로 담아둔다.

03 ｜ 소꼬리는 밀가루를 묻혀서 채소를 볶은 팬에 넣고 겉면을 노릇하게 구워서 다른 접시에 옮겨둔다.

04 ｜ 팬에 다진 대파와 마늘, 볶아 놓은 양파, 당근, 셀러리를 넣고 2분 정도 더 볶다가 레드와인을 반만 넣고 2분 정도 끓인다.

05 ｜ 팬에 2cm 두께로 자른 오렌지, 익혀놓은 소꼬리와 손으로 으깬 홀토마토 과육을 넣고 뚜껑을 닫은 뒤 불을 중간 불로 바꾸고 버터, 치즈, 시금치, 소금, 후추를 제외한 모든 재료를 넣고 뚜껑을 덮어 2시간 30분 정도 졸이면서 가끔 뚜껑을 열고 확인을 한다. 국물이 부족하면 나머지 레드와인과 물을 번갈아 넣어준다.

06 ｜ 소고기가 뼈에서 떨어져 나가기 전까지 익으면 소금, 후추로 간을 하고 시금치를 넣은 뒤에 서빙 직전에 버터와 치즈를 올려준다.

07 ｜ 소스에 파스타를 볶거나 기호에 따라 밥을 곁들여 함께 먹는다.

STEAK DIANE

버터 소스 스테이크

왠지 휴가철의 한가로운 시간이나 눈 오는 주말 저녁 깊은 숲 속의 통나무 집에서 경유 램프
를 켜고 먹어야 할 것 같은 로망의 스테이크

4인분 · 20분

재료 꽃등심(2.5cm 두께, 개당 160g) 4덩이, 쪽파 3작은술, 파슬리 1작은술
차이브 1작은술, 소금 1작은술, 후추 1작은술, 올리브유 4큰술, 버터 4큰술
옐로 머스터드 1작은술, 레몬즙 1작은술, 우스터 소스 1 1/2 작은술

만드는 법

01 | 꽃등심을 상온에 두고 소금과 후추를 뿌려서 20분간 놔둔다.

02 | 쪽파의 흰 부분만 잘게 잘라둔다.

03 | 파슬리와 차이브는 잘게 다져둔다.

04 | 팬을 센 불에 올리고 올리브유를 두른 뒤에 한 면을 약 3분간 굽고 버터 2큰술 올려 녹
이면서 쪽파와 옐로 머스터드를 넣고 3분간 더 익힌다.

05 | 고기는 다른 판에 꺼내 레스팅을 하고 팬에 레몬즙, 우스터 소스, 버터 2큰술을 더 넣
고 2분 정도 약한 불에서 익혀 소스를 만든 뒤에 파슬리와 차이브를 올린다.

06 | 스테이크 위에 버터 소스를 뿌려낸다.

항상 스테이크를 준비하기 전에 고민을 한다. 와인을 졸여 곁들여 먹을 것인가, 육수를 낼 것인가 그것도 아니면 찍어 먹을 소스를 따로 만들 것인가, 만든다면 소스의 양을 얼마나 잡아야 할 것인가. 그렇지만 미리 재워두면 모든 것이 해결된다. 그곳이 실내든 야외든 말이다.

위스키에 재운 립아이 스테이크

──── **4인분 · 12시간 재움, 조리 시간 8쪽 〈스테이크 굽는 법〉 참조** ────

재료　 꽃등심(개당 250g) 4덩이, 올리브유 2큰술, 버터 3큰술

마리네이드 재료　 위스키 1컵, 올리브유 2큰술, 타임(생) 4줄기, 오레가노(건) 1작은술
　　　　　　　　　마늘 2알, 소금 1작은술, 후추 1작은술

──────────────── **만드는 법** ────────────────

01ㅣ 마늘은 굵게 부숴놓고 타임은 잎을 모두 떼어놓는다.

02ㅣ 볼에 마늘과 타임, 오레가노, 위스키, 올리브유를 넣어 잘 섞어 양념장을 만든다.

03ㅣ 꽃등심에 소금과 후추를 골고루 뿌리고 마사지를 해준 뒤에 쇠가 아닌 유리나 도자기 그릇에 넣는다.

04ㅣ 꽃등심 위에 만들어놓은 양념장을 뿌려 12시간 냉장 보관한다.

05ㅣ 꽃등심을 양념장에서 꺼내서 상온에서 20분 정도 두어 상온에 맞춘다.

06ㅣ 꽃등심을 구울 팬을 200℃ 정도에 맞추고 올리브유를 뿌린 뒤에 처음 한 면을 익히고 버터를 2큰술 넣고 다른 한 면을 원하는 굽기로 굽는다.

07ㅣ 꽃등심을 팬에서 꺼내서 5분 정도 레스팅한다.

08ㅣ 꽃등심을 레스팅하는 동안 팬에 고기를 꺼내고 남은 양념장을 부어 졸이다가 소금과 후추로 간을 하고 버터를 1큰술 넣어 소스로 활용한다.

──────────────── TIP ────────────────

• 재운 스테이크를 팬에 구울 때는 보통 230℃가 아닌 200℃ 정도에서 익혀야 양념 때문에 고기가 타지 않는다.

RIB-EYE STEAK IN A WHISKEY MARINADE

CHUCK STEAK IN A HERB & VINEGAR MARINADE

허브와 와인 식초에 재운 목심 스테이크

4인분 · 12시간 재움, 조리 시간 8쪽 〈스테이크 굽는 법〉 참조

재료　소 목심(개당 200g) 4덩이, 올리브유 2큰술, 버터 2큰술

마리네이드 재료　마늘 2개, 황설탕 1큰술, 레드와인 식초 2큰술, 올리브유 1/4컵
파슬리(생) 2큰술, 바질(생) 2큰술, 타라곤(생) 2큰술, 타임(생) 2큰술
소금 2작은술, 후추 2작은술

만드는 법

01 ｜ 목심을 약 3cm 두께로 손질해놓고 소금과 후추 1작은술을 적당히 뿌려둔다.

02 ｜ 마늘은 굵게 부숴놓고 모든 허브는 잘게 다져놓는다.

03 ｜ 황설탕과 레드와인 식초를 섞고 마늘과 허브들을 섞은 뒤에 소금 1작은술, 후추 1작은
술을 섞고 올리브유 1/4컵을 천천히 부어 저으면서 양념장을 만든다.

04 ｜ 소금과 후추를 뿌려둔 목심을 유리나 도자기 그릇에 담고 양념장을 뿌려서 12시간 정
도 냉장고에 재운다.

05 ｜ 목심을 양념장에서 꺼내서 상온에서 20분 정도 두어 상온에 맞춘다.

06 ｜ 팬을 200°C 정도 맞추고 올리브유를 뿌린 뒤에 원하는 익힘 정도에 맞춰서 한 면을 굽
고 다른 면을 구울 때 버터를 넣고 녹여 버터를 끼얹으며 굽는다.

07 ｜ 5~10분 레스팅한다.

TIP

• 재워둘 용기로 스테인리스나 쇠를 사용하지 않는 이유는 재울 때 그릇 특유의 냄새가 밸 수 있기 때문
이다.

• 레드와인 식초가 고기의 육질을 부드럽게 해준다. 레드와인 식초가 없다고 양조 식초는 사용하지 않
는다.

TOP ROUND STEAK

우둔살 스테이크

―――――― 4인분 · 12시간 재움, 조리 시간 8쪽 〈스테이크 굽는 법〉 참조 ――――――

재료　　우둔살 800g, 카놀라유 혹은 식용유 2큰술, 버터 1큰술, 소금 약간, 후추 약간

마리네이드 재료　　마늘 4알, 로즈메리(건) 1작은술, 발사믹 식초 1/4컵, 올리브유 2큰술

―――――――――――――― 만드는 법 ――――――――――――――

01｜ 우둔살을 약 4cm 두께로 넓게 잘라놓고 소금과 후추를 적당히 뿌려둔다.

02｜ 마늘을 굵게 부수고 로즈메리와 발사믹 식초를 넣은 뒤에 올리브유를 천천히 부으면서 거품기로 쳐서 양념장을 만든다.

03｜ 볼에 우둔살을 넣고 양념장을 넣은 뒤에 너무 세지 않게 마사지를 해준다.

04｜ 플라스틱 백에 고기를 넣고 양념장을 부은 뒤 공기를 최대한 빼서 잠그고 냉장고에서 12시간 이상 재운다.

05｜ 양념장을 완전히 따라 버리고 고기를 상온에 맞춘 뒤에 표면을 닦아놓는다.

06｜ 팬을 약 200°C에 달군 뒤 카놀라유를 뿌리고 고기를 한 면 원하는 굽기로 굽다가 뒤집어 버터를 넣고 나머지 한 면을 익힌다.

07｜ 5~10분 레스팅한다. 소스로는 갈릭 그레이비(74쪽 참조)가 잘 어울린다.

FLAT IRON STEAK

부채살 스테이크

<hr>

4인분 · 12시간 재움, 조리 시간 8쪽 〈스테이크 굽는 법〉 참조

재료　부채살(개당 200g) 4덩이, 무염 버터 2큰술, 올리브유 1큰술
　　　소금 약간, 후추 약간

마리네이드 재료　레드와인 1 1/2컵, 엑스트라 버진 올리브유 4큰술
　　　타임(생) 8줄기, 로즈메리(생) 8줄기, 마늘 4알
　　　소금 1작은술, 후추 1작은술

<hr>

만드는 법

01ㅣ유리볼이나 사기 그릇에 타임, 로즈메리, 마늘을 아주 곱게 다져서 넣는다.

02ㅣ다진 허브들과 굵게 부순 마늘에 레드와인과 엑스트라 버진 올리브유, 소금, 후추를 넣고 잘 섞어준다.

03ㅣ부채살을 양념장에 골고루 묻혀서 냉장고에서 약 12시간 재워둔다.

04ㅣ고기를 굽기 전에 냉장고에서 꺼내 상온에 온도를 맞춘 뒤에 양념장을 살짝 털어낸다. 이때 양념장을 모아둔다.

05ㅣ팬을 약 200°C에 맞추고 올리브유를 두르고 고기를 원하는 굽기로 양면을 굽다가 버터를 1큰술 먼저 넣은 뒤에 익으면 꺼내서 5~10분 레스팅을 한다.

06ㅣ남은 양념장을 팬에 넣고 절반으로 줄 때까지 졸인 뒤 소금과 후추로 간을 하고 버터를 1큰술 넣어 소스를 만들어 고기에 뿌린다.

CHUCK STEAK IN MEXICAN STYLE MARINADE

멕시코 스타일 목심 스테이크

———— **4인분 · 12시간 재움, 조리 시간 8쪽 〈스테이크 굽는 법〉 참조** ————

재료　　소 목심(개당 200g) 4덩이, 카놀라유 약간

마리네이드 재료　　올리브유 2큰술, 테킬라 3큰술, 오렌지즙(생) 3큰술

　　　　　　　　라임즙(생) 1큰술, 마늘 4알, 칠리 파우더 1큰술, 큐민 파우더 1작은술

　　　　　　　　오레가노(건) 1큰술, 소금 약간, 후추 약간

———————— **만드는 법** ————————

01｜ 마늘을 곱게 다진 뒤에 마리네이드에 필요한 모든 재료를 유리볼에 넣고 잘 섞어준다.

02｜ 목심에 양념장을 골고루 앞뒤로 바르고 고기끼리 겹쳐서 냉장고에 12시간 정도 재워
　　　둔다.

03｜ 고기를 굽기 전에 냉장고에서 꺼내 상온에 온도로 맞춘 뒤 양념장을 살짝 털어낸다.

04｜ 팬에 카놀라유를 두르고 약 200°C에서 원하는 굽기로 구운 뒤에 5~10분 레스팅한다.

돼지고기

02_PORK

7 RECIPES

Pork Schnitzel
Swedish Meatballs
Nem Nuong(Pork Patties) with Nuoc Cham
Vietnamese Braised Pork(Thit kho)
Taiwan Dumplings
Italian Sausage
Pork Satay

PORK SCHNITZEL

포크 슈니첼

돈가스는 정말 맛있다. 그런데 마구 튀기기엔 요리하기도 먹기에도 부담스러울 때가 있다. 그렇다면 더 이상 튀기지 말자. 돈가스는 원래 오스트리아에서 온 것이니 이번에는 오스트리아 스타일로 구워보자. 구워서 먹어보고 마음에 안 들면 다음에 튀기자. 그래도 후회하지 않을 것이다.

----- **4인분 · 1시간** -----

재료   돼지고기 등심(2cm 두께, 각 160g) 4장, 소금 1/2작은술 + 약간
        흑후추 1/2작은술 + 약간, 빵가루(건) 1컵, 파르메산 치즈(분쇄) 2큰술
        파슬리(건) 1큰술, 버터 100g, 마늘 1개, 양송이버섯 180g, 화이트와인 1/2컵
        옥수수 전분 1큰술, 물 2큰술, 올리브유 약간

----- **만드는 법** -----

01 | 고기 아래위에 랩을 여유 있게 펼쳐놓고 망치나 홍두깨 혹은 와인병 등으로 6mm 정도가 되도록 두드려서 펴준 뒤에 소금과 후추를 뿌린다.

02 | 유리볼이나 넓은 그릇에 마른 빵가루를 넣고 파르메산 치즈와 파슬리를 넣어 잘 섞은 다음 손으로 비벼서 고운 빵가루 옷을 만든다.

03 | 등심에 ②의 빵가루를 꾹꾹 눌러서 묻히고 냉장고에 30분 정도 넣어서 빵가루가 잘 달라붙도록 시간을 준다.

04 | 팬에 버터를 녹이고 다진 마늘을 넣어 잠시 볶다가 하나당 6등분 정도로 자른 양송이를 넣고 화이트와인을 넣은 뒤 알코올을 날리고, 약한 불로 낮추어 양송이가 부드러워질 때까지 20분 정도 졸인다.

05 | 옥수수 전분과 물을 섞은 다음 볶은 양송이에 넣어주고 소금과 후추로 간을 한다.

06 | 냉장고에서 빵가루를 묻힌 등심을 꺼내서 팬에 약간의 올리브유를 넣어 한 면당 2분 정도 굽는다.

07 | 원하는 소스를 곁들여 먹는다.

SWEDISH MEATBALLS

스웨덴식 미트볼

한 스웨덴 브랜드의 가구전문점에서 파는 스웨덴식 미트볼이 인기다. 그 미트볼은 내가 예전에 캐나다에 살 때도 인기였다. 그 이유는 요식업 절대불변의 인기 비결인 '싸고 맛있어서'이다. 그렇다면 집에서도 이 메뉴를 만들어보자. 집에서는 가격을 매길 수 없으니 '맛있다'만 남는다. 무조건 성공이다.

──────────────── **4인분 · 1시간 20분** ────────────────

재료 돼지고기(다짐육) 350g, 소고기(다짐육) 150g, 식빵 2쪽, 우유 1/4컵, 적양파 1개
달걀 1개, 올스파이스(향신료) 1/2작은술, 너트맥 가루 약간, 올리브유 2큰술
버터 2큰술, 중력분 2큰술, 고기 육수 2컵, 생크림 1/4컵, 소금 약간, 후추 약간

곁들이기 사워크림 2큰술, 딜(생) 약간

──────────────── **만드는 법** ────────────────

01| 식빵의 테두리는 모두 잘라낸 뒤에 볼에 담아 우유를 넣고 5분 정도 불린다.

02| 적양파는 아주 곱게 다지고 달걀은 따로 풀어서 불린 식빵에 넣은 뒤 다진 돼지고기와
소고기, 올스파이스, 너트맥 가루, 소금, 후추를 모두 함께 넣고 잘 섞어준다.

03| 미트볼을 500원짜리 동전 크기로 둥글게 빚은 뒤에 20분 정도 상온에 둔다.

04| 팬에 올리브유를 넣고 중간 불에서 미트볼을 5분 정도로 익힌 뒤 꺼내어 잠시 식힌다.

05| 미트볼을 구운 팬은 닦지 않고 바로 버터를 넣어 중력분을 뿌린 뒤 1분 정도 잘 섞는
다.

06| 육수를 넣어 한소끔 끓어 오르면 불을 줄이고, 생크림을 넣고 끓여 소스를 만든 뒤에
소금과 후추로 간을 한다.

07| 미트볼을 소스에 넣고 다시 한 번 끓이면 완성이다.

08| 원하면 사워크림과 향이 좋은 딜을 넣는다.

NEM NUONG(PORK PATTIES) WITH NUOC CHAM

베트남식 완자 꼬치와 늑참 소스

나는 베트남 하노이의 한여름을 싫어한다. 이유는 더워도 너무 더운 날씨와 시도 때도 없이
내리는 스콜, 게다가 그 덥고 비가 쏟아지는 여름 길거리에서 땀을 뻘뻘 흘리며 먹는 쌀국
수와 한 번에 4개씩 먹을 수 밖에 없게 만드는 이 돼지고기 완자…! 이놈의 길거리에서 파는
완자 꼬치는 한여름 하노이에 가고 싶지 않게 만든다. 한 번 먹으면 멈출 수가 없어서.

─── 6인분 · 1시간 ───

재료　돼지고기(다짐육) 500g, 쌀가루 2큰술, 샬롯 3개, 마늘 2알, 피시 소스 1큰술
　　　　설탕 2작은술, 후추 1작은술, 대나무 꼬치 6~7개

─── 만드는 법 ───

01 | 돼지고기와 쌀가루, 샬롯, 다진 마늘, 피시 소스, 설탕, 후추를 작은 그릇에 담고 잘 섞
어서 24개 정도로 나누어 둥글게 빚은 뒤 납작하게 눌러서 패티를 만든다.

02 | 물에 적신 대나무 꼬치에 꽂아서 30~40분 모양이 잡히게 둔다.

03 | 그릴에 기름을 약간 올리고 10분 정도 구워준다.

04 | 늑참(nuoc cham)이나 땅콩 소스와 함께 낸다.

늑참 FISH DIPPING SAUCE

베트남 어느 길거리 음식점이나 탁자 위에 놓여 있는 소스

─── 1컵 ───

재료　레몬그라스 1/2줄기, 베트남 고추(쥐똥고추, 생) 2개, 마늘 1개, 물 60ml
　　　　피시 소스 60ml, 현미식초 2큰술, 라임즙 2큰술, 설탕 2큰술

─── 만드는 법 ───

01 | 레몬그라스, 베트남 고추, 마늘을 아주 곱게 다진다.

02 | 나머지 모든 재료를 그릇에 담고 설탕이 녹도록 잘 섞어준다.

─── TIP ───

• 대나무 꼬치는 하루 정도 물에 담가서 적신 뒤에 물기를 닦아내고 고기를 끼우면 구울 때 그릴이나 숯
불 위에서도 타지 않는다.

VIETNAMESE BRAISED PORK(THIT KHO)

베트남식 돼지고기 조림

사실 베트남을 사랑한다. 한동안 베트남 사람들과 호형호제하며 지냈다. 베트남 친구의 집에는 항상 이 요리가 있었고, 그 기억으로 지금도 가끔 돼지 목살이 생기면 스튜를 끓이듯이 만들어 전자레인지 위에 얹어둔다. 예전 친구들을 생각하면서.

6인분 · 2시간 30분

재료 기름기 있는 목살이나 삼겹살 1.1kg, 소금 1큰술, 후추 1큰술, 설탕 1/2컵
마늘 6개, 양파 1개, 참기름 아주 약간, 피시 소스 1/4컵, 물 1/2컵
코코넛 워터 1컵, 파 약간

곁들이기 고수, 흰쌀밥

만드는 법

01| 고기를 3~4cm 길이로 얄팍하게 자른 뒤 칼집을 내고 소금과 후추로 간을 해서 30분
정도 냉장고에 넣어 차갑게 절여둔다.

02| 코팅된 팬에 설탕 1컵을 넣고 중간 불에서 녹여 캐러멜을 만든다.

03| 캐러멜에 고기를 넣고 잘 볶아서 코팅해준다.

04| ③의 팬에 다진 마늘, 잘게 썬 양파, 나머지 설탕, 참기름 약간, 소금 약간, 후추 약간,
피시 소스를 넣고 5분 정도 볶는다.

05| 냄비로 옮겨 물과 코코넛 워터를 넣고 중간 불에서 소스가 졸아들어 끈기와 윤기가 날
때까지 졸인 뒤 식혀둔다.

06| 먹기 전에 식혀둔 조림을 팬에 올려 물을 약간 넣고 데운 뒤 파와 고수를 약간 뿌려서
쌀밥 위에 올려낸다.

TAIWAN DUMPLINGS

대만식 만두

대만에 가서 만두를 먹을 것이 아니라면, 연남동에 가면 대만식 만두를 파는 집이 꽤 많다.
그런데 주차할 곳이 만만치 않은 토요일이나 붐비는 일요일에 연남동에 가서 만두를 먹느니
집에서 해 먹자. 만두피를 밀 정성까지 있다면 더 좋겠다. 이번 주말은 내가 대만 요리사다.

―――――――― **30개 · 40분** ――――――――

재료   돼지고기(다짐육) 350g, 당근 1/4개, 생강(3~4cm 크기) 1개, 배추 1/2컵
현미식초 2큰술, 소금 약간, 후추 약간, 만두피 30개

곁들이기   고수 약간

―――――――― **만드는 법** ――――――――

01ㅣ 당근과 생강, 배추는 각각 아주 곱게 잘라놓거나 푸드 프로세서로 분쇄한다.

02ㅣ 배추는 소금을 약간 뿌려서 10분 정도 숨을 죽인 뒤 물기를 뺀다.

03ㅣ 돼지고기, 당근, 생강, 배추에 후추를 뿌려 잘 섞어준다. 고수를 넣고 싶으면 이때 잘
게 잘라 넣는다.

04ㅣ ③에 식초와 약간의 소금을 넣은 뒤 잘 섞고, 만두소를 조금 떼어 끓는 물에 익혀 간을
본다.

05ㅣ 만두피에 소를 넣고 빚어서 찜통에 15분 정도 찐다.

ITALIAN SAUSAGE

이탈리안 수제 소시지

어린 요리사 시절, 퇴근 후 늦은 시간 집으로 가는 버스를 기다리면서 길거리에서 소시지를
사 먹는 것이 큰 낙 중에 하나였다. 그때를 생각하며 가끔 집에서나 가게에서 만들어 동료
들과 나눠 먹는다. 그때가 참 좋았다.

─────────────────── **6인분 · 1시간 30분** ───────────────────

재료 소고기 엉덩이살 혹은 전지 450g, 돼지고기 어깨살 혹은 목살 900g
팬넬 씨(분쇄) 1/2큰술, 셀러리 씨(분쇄) 1작은술, 오레가노(건) 1큰술
바질(건) 1/2큰술, 이탈리안 레드페퍼 혹은 태국 고추(다진 것) 2큰술
갈릭 파우더 1큰술, 핑크 솔트(큐어링 솔트, 피클링 솔트) 0.4g
소금 1/2큰술, 후추 2큰술, 얼음물 1/3컵, 케이싱

─────────────────────── **만드는 법** ───────────────────────

01| 소고기와 돼지고기의 힘줄을 제거하고 씹는 맛이 살도록 정육점의 다짐육보다는 좀
더 굵게 갈아준다.

02| 얼음물에 모든 향신료와 허브를 섞는다.

03| ①의 고기에 ②를 넣고 양손으로 10분 정도 치댄다.

04| 소시지 프레서에 재료를 넣고 케이싱을 끼운 다음 적당한 크기로 묶어 소를 채워 넣는
다. 기계가 없다면 손으로 직접 꼼꼼히 채워 넣어도 된다. 케이싱마저 번거롭다면 단
단히 모양을 잡아 랩으로 감싸 고정해 만들어도 된다. 완성된 소시지를 냉장고에 3일
정도 보관한 뒤 먹는다.

─────────────────────────── TIP ───────────────────────────

• 케이싱을 프레서에 끼울 때 프레서 꼭지에 올리브유 등으로 기름칠을 약간 해준다.
• 케이싱을 묶은 뒤 바늘로 두세 개 정도 구멍을 낸다.

PORK SATAY

동남아 스타일 돼지고기 꼬치

인도네시아에 가서 '사테이(Satay)'를 달라고 하면 닭고기가 나온다. 하지만 말레이시아에 가서 사테이를 달라고 하면 돼지고기가 나온다. 회교권과 비회교원의 차이겠다. 그래도 상관없다. 사테이는 어딜 가나 감칠맛 나는 사테이일뿐.

4인분 · 24시간

재료   돼지고기 안심(2.5cm X 2.5cm 크기) 675g, 마늘 2알, 다진 파 1/2컵
생강 가루 1작은술, 땅콩(볶아서 소금 뿌린 것) 1컵, 베트남 고추 3개
고수 씨(분쇄) 1/2작은술, 꿀 2큰술, 레몬즙 2큰술, 간장 1/4컵
닭 육수(2권 『닭과 달걀』 54쪽 참조) 1/2컵, 버터 1/2컵, 소금 약간, 대나무 꼬치

만드는 법

01| 푸드 프로세서에 마늘, 다진 파, 생강 가루, 땅콩, 베트남 고추, 고수 씨, 꿀, 레몬즙, 간장을 넣고 갈아 퓌레처럼 만든 뒤 닭 육수와 버터를 넣어서 잘 섞는다.

02| 돼지고기는 잘라서 ①과 함께 잘 섞어 하루 이상 재운다.

03| 고기를 대나무 꼬치(하루 정도 물에 담가 적신 것)에 끼운다.

04| 팬이나 그릴에 굽고 재운 양념장은 따로 한 번 끓여서 소금 간을 한 뒤에 소스로 만든다. 구울 때 소스를 조금씩 발라가며 굽는다.

소스와 사이드 메뉴 버터를 활용한 03 _ BUTTER, SAUCE, SIDE

17 RECIPES

How to Make Butter
Simple Composed Butter
Bloody Mary Butter
Mustard Butter
Simple Red Wine Reduction Sauce
Garlic Gravy
Bearnaise Sauce
Espresso BBQ Sauce
Alfredo Sauce
Classic Peppercorn Cream Sauce
Mashed Potato
Creamed Spinach
Thyme Mushrooms
Mac & Cheese
Baby Potato with Chili Butter
Braised Lentil
Bacon Doughnuts

HOW TO MAKE BUTTER

초간단 버터 만들기

집에서 한 번씩 요리에 넣어 먹거나 빵에 발라 먹을 분량의 버터 만들기. 정말 쉽다. 더 건강
하고 맛있다. 꼭 알려주고 싶었다.

--------------------- 약 250g · 기계 사용 약 20분, 손 사용 약 40분 ---------------------

재료　생크림(35% 이상 유지방) 500ml 이상, 소금 약간

--------------------- 만드는 법 ---------------------

기계 사용

01｜ 핸드 블렌더에 생크림을 넣고 15분 정도 빠른 속도로 돌려준다.

02｜ 10분이 지나고 지방이 마찰을 일으켜 기름 층이 나뉘면 소금을 약간 넣는다. 이때 무
　　 염 버터를 원한다면 소금을 뺀다.

03｜ 유지방(butter fat)과 수분이 나뉘면 수분(butter milk)은 최대한 따라 버린다.

04｜ 얼음물을 준비하고 고체 상태의 버터를 손이나 면포에 넣고 얼음물에 담그면서 꾹 짜
　　 서 굳힌 뒤 냉장 보관한다.

05｜ 약 10일 정도 냉장 보관 후 사용한다.

손 사용

01｜ 핸드 블렌더가 없을 경우 1L(생크림 양의 2배 사이즈) 정도 크기의 병을 마련해 25～30분
　　 위아래로 흔들어 크림을 고체와 액체로 분리한다.

02｜ 20분 정도 지나 지방이 마찰을 일으켜 기름 층이 나뉘면 소금을 약간 넣는다. 무염 버
　　 터를 원한다면 소금을 뺀다.

03｜ 나머지 과정은 위와 같다.

--------------------- TIP ---------------------

• 버터를 수작업으로 만들 때 플라스틱 페트병을 사용해 얼음물을 곧장 부어서 흔들고 물을 따라낸 뒤
　 가위로 잘라 버터를 꺼내면 편하다.

• 충분한 양의 요구르트가 있다면 요구르트와 생크림을 반반 섞어서 버터를 만들면 불가리아식 버터가
　 만들어진다.

SIMPLE COMPOSED BUTTER

심플 허브 버터

나는 개인적으로 잘 구워진 꽃등심에는 소금 바로 다음으로 가장 잘 어울리는 소스로 버터를 꼽는다. 고기에 질 좋은 버터면 그 어떤 요리보다 맛있다. 더 이상 필요한 것이 없다. 그저 약간의 허브가 더해지면 그야말로 최고다.

────────────────── **4인분 · 30분** ──────────────────

재료　무염 버터 4큰술, 바질(생) 1큰술, 타임(생) 1작은술
　　　이탈리안 파슬리(생) 1작은술, 소금 1작은술, 후추 약간

────────────────── **만드는 법** ──────────────────

01| 무염 버터는 상온에서 부드럽게 녹인다.

02| 바질, 타임, 이탈리안 파슬리는 분량대로 다진 뒤 소금과 후추를 섞어놓는다.

03| 녹인 버터와 ②의 허브를 유리볼에서 잘 섞는다.

04| 은박지나 유산지, 두꺼운 랩에 버터를 길게 깔고 김밥을 말듯이 말아서 끝을 묶은 뒤에 냉동실에서 20분 정도 얼려 모양을 굳힌다.

05| 얼린 상태로 잘라서 스테이크 위에 올려 녹인다.

────────────────── **TIP** ──────────────────

• 기름을 뺀 말린 토마토나 올리브, 엔초비 등을 넣어 원하는 구성으로 얼마든지 버터를 만들 수 있다.

BLOODY MARY BUTTER

블러디 메리 버터

10월 31일 할로윈 데이, 귀신들이 나오는 날 저녁, 블러디 메리 칵테일을 마시고 이 버터를
올린 레어 스테이크를 먹는다면 그날의 식사는 완벽할 것이라고 장담한다.

4인분 · 10분

재료　무염 버터 140g, 타바스코 혹은 핫소스 1작은술, 토마토 페이스트 1작은술
우스터 소스 1큰술, 호스래디시 소스(서양고추냉이) 1큰술, 셀러리 솔트 1작은술
후추 1작은술

만드는 법

01｜ 무염 버터는 상온에서 녹여서 부드럽게 해놓는다.

02｜ 모든 재료를 먼저 섞은 뒤 부드럽게 녹은 버터에 잘 섞어서 스테이크 위에 올린다.

MUSTARD BUTTER

머스터드 버터

당신이 초대한 손님은 이미 집 앞에 와 있고 당신은 원래의 소스를 망치거나 태워버렸다면,
바로 이 소스가 당신을 구해줄 것이다. 그게 소고기이거나 돼지고기이거나 상관없이.

6인분 · 20분

재료 무염 버터 1/4컵, 디종 머스터드 1큰술, 엔초비 1마리, 마늘 1개
우스터 소스 약간, 소금, 후추 약간

만드는 법

01| 엔초비와 마늘을 아주 곱게 다져서 버무려 섞는다.

02| 부드럽게 녹은 버터에 모든 재료를 잘 섞는다.

03| 유산지나 랩에 머스터드 버터를 놓고 둥글게 잘 말아서 냉장고에서 15분 정도 굳힌 뒤
잘라서 사용한다

SIMPLE RED WINE REDUCTION SAUCE

심플 레드와인 소스

15분이란 시간으로 스테이크의 운명을 바꿔보자. 이 간단하고도 간단한 소스, 버터와 졸아
든 와인 하나로 당신의 스테이크는 몇 단계 레벨이 올라갔다고 보면 될 것이다.

4인분 · 15분

재료　레드와인 1/2컵, 무염 버터 1큰술, 소금 약간, 흑후추 약간

만드는 법

01｜ 고기를 구운 팬에 레드와인을 넣고 중간 불에서 10분 정도 팬을 살짝 긁어가면서 와인
이 반으로 줄 때까지 졸인다.

02｜ 버터를 넣고 소금과 후추로 간을 한다.

TIP

- 비싼 레드와인을 쓰지 않아도 된다. 단, 너무 산도가 높은 와인은 피하도록 한다.
- 와인을 팬에 넣을 때 불길이 치솟을 수 있으므로 주의해서 조리한다.

GARLIC GRAVY

갈릭 그레이비

치즈를 얹은 프렌치 프라이에 버터와 마늘로 만든 그레이비를 뿌리면 길거리에서 파는 간식이 아니라 식사가 된다. 마늘과 버터의 조합은 두말할 나위가 없다.

───────── **4인분 · 30분** ─────────

재료　무염 버터 110g, 양파 1/2개, 중력분 1/2컵, 마늘 4알, 토마토 페이스트 2작은술
　　　　고기 육수 5컵, 디종 머스터드 1작은술, 우스터 소스 1작은술, 소금 약간

───────── **만드는 법** ─────────

01│ 두꺼운 소스 팬을 중간 불에 올리고 버터를 녹인다.

02│ 녹인 버터에 잘게 다진 양파를 넣고 갈색이 나도록 5분 정도 볶은 뒤 중력분을 넣고 다시 5분 더 볶는다.

03│ 다진 마늘과 토마토 페이스트를 넣고 1분 정도 볶다가 고기 육수를 거품기로 저어가며 섞듯이 넣는다.

04│ 디종 머스터드와 우스터 소스를 넣고 20분 정도 졸이다가 소금으로 간을 한다.

BEARNAISE SAUCE

베어네이즈 소스

여자친구가 처음으로 집에 놀러 온다면 당연히 스테이크를 굽겠다. 그리고 소스는, 이 클
래식하고 품격 있는 소스를 만들어 고기 위에 뿌려주겠다. 그러면 말을 안 해도 여자친구는
내 메시지를 알아챌 것이다. '나는 굉장히 보수적이고 클래식한 사람이야. 날 믿어.'

4인분 · 30분

재료 타라곤(생) 4줄기, 샬롯 1개, 화이트와인 식초 1/2 컵, 통후추 5개
달걀 노른자 2개, 무염 버터 200g, 소금 약간

만드는 법

01 타라곤의 잎을 떼어내서 아주 잘게 잘라 1큰술 정도를 만들어놓는다.

02 나머지 줄기와 잎을 듬성듬성 잘라서 다진 샬롯과 함께 화이트와인 식초에 잘 섞는다.

03 팬에 ②를 넣어 중간 불에 맞추고 통후추를 넣은 뒤에 식초가 1큰술 정도 되도록 졸인다.

04 고운 망에 ③을 내려 타라곤 식초 농축액을 만들어둔다.

05 작은 냄비에 물을 조금 넣고 위에 유리볼을 넣어 중간 불에서 중탕하도록 만들어두고,
그 안에 달걀 노른자와 녹인 버터를 부어 크리미한 소스를 만들 듯이 잘 섞는다.

06 거의 다 섞이면 잘게 다진 타라곤과 타라곤 식초 농축액을 붓고 소금으로 간을 한다.

TIP

- 타라곤 대신 타임이나 바질 등 취향에 따라 허브를 써도 상관없다.
- 레몬즙이나 라임즙 등을 넣으면 고소하고 새콤한 홀란다이즈 소스를 만드는 방식과 같다.

ESPRESSO BBQ SAUCE

에스프레소 바비큐 소스

누구나 좋아하는 커피 향을 떠올려보라고 한다면, 갓 볶은 원두의 향긋함이나 지금 막 내린
에스프레소 향을 손에 꼽을 것이다. 그런데 지금부터 일순위가 바뀔지도 모른다. 에스프레
소 바비큐 소스를 발라 재운 고기를 굽는다면, 그 향을 알게 된다면 말이다.

──────────── **2회 사용 분량 • 30분** ────────────

재료　　양파 1개, 청양고추 4개, 마늘 2개, 케첩 1컵, 흑설탕 3/4컵, 에스프레소 1컵
　　　　　레드와인 식초 1/4컵, 물엿 2큰술, 머스터드 파우더 2큰술, 물 1큰술
　　　　　우스터 소스 2큰술, 큐민(분쇄) 1큰술, 칠리 파우더 2큰술

──────────────── **만드는 법** ────────────────

01｜ 양파, 청양고추, 마늘을 아주 곱게 다진다.

02｜ 모든 재료를 잘 섞은 뒤 한소끔 끓이고 불을 약하게 낮춰서 20분 정도 졸인다.

03｜ 식힌 뒤에 푸드 프로세서로 잘 갈아서 사용한다.

ALFREDO SAUCE

알프레도 소스

외국에 나가 까르보나라를 시키고는 크림소스가 안 들어가서 당황한 기억이 있는 분들이라면 이 소스를 만들어 드셔보시라. 다음 외국행에서 알프레도 소스라고 쓰인 메뉴를 시키면 틀림없이 당신이 아는 까르보나라를 맛볼 것이다. 게다가 집에서도 쉽게 만들 수 있으므로 앞으로는 "이게 진짜 크림소스다!"라고 말할 수 있다.

4인분 · 20분

재료 버터 1/4컵, 생크림 1컵, 마늘 2알, 파르메산 치즈(분쇄) 1 1/2컵, 파슬리 3큰술
소금 약간, 후추 약간

만드는 법

01| 팬을 중간 불에 올리고 버터를 녹인 뒤에 생크림을 섞고 약한 불로 낮춰서 5분 정도 졸인다.

02| 마늘을 아주 곱게 다진 뒤에 파르메산 치즈와 함께 ①의 크림에 넣고 잘 저어준다.

03| 소금과 후추, 다진 파슬리를 넣는다.

04| 삶은 파스타 면을 넣거나 고기 위에 뿌려 먹는다.

CLASSIC PEPPERCORN CREAM SAUCE

클래식 통후추 크림소스

크림소스를 싫어하는 사람도 질 좋은 통후추와 버터로 만들면 먹는다. 분명히 먹는다. 내가
크림소스를 싫어하는데 잘 먹는 걸로 봐서 이건 분명히 먹는다.

4인분 · 20분

재료   통후추 1 1/2큰술, 올리브유 1큰술, 무염 버터 2큰술, 샬롯 2개, 마늘 2개
　　　　브랜디 1/2컵, 생크림 1컵, 디종 머스터드 1큰술, 소금 약간

만드는 법

01│ 통후추는 팬에 볶은 뒤 와인병이나 냄비로 눌러 깨둔다.

02│ 두꺼운 팬에 올리브유와 버터를 넣고 중간 불에서 녹이다가 아주 곱게 다진 샬롯과 다
　　진 마늘을 넣고 5~7분 볶아준다.

03│ 브랜디를 넣고 불을 붙여 알코올을 날린 뒤 생크림을 넣고 절반 정도가 될 때까지 졸이
　　다가 디종 머스터드와 소금, 으깬 통후추를 넣고 잘 섞는다. 불 붙이기를 생략할 때는
　　브랜디를 아주 조금만 넣는다.

MASHED POTATO

매시드 포테이토

수미 감자건 대지 감자건 미국의 러셋 감자건, 버터를 넣어 매시드 포테이토를 만들면 언제나 옳다. 매시드 포테이토를 만들고도 맛이 없다면 그건 감자도 버터 탓도 아니다. 요리사 탓이다.

4인분 · 1시간

재료 감자 6개, 버터 2큰술, 크림치즈 40g, 생크림 1/4컵, 사워크림 3큰술
달걀 노른자 1개, 소금 약간, 흑후추 약간, 닭 육수(Option) 3컵

만드는 법

01 | 감자를 반 정도로 자르고, 소금을 약간 넣은 끓는 물을 감자가 잠길 만큼 넣어 30분 정도 더 삶는다. 이때 소금으로 간한 끓는 물 대신 물과 닭 육수 3컵을 섞은 육수를 사용해도 좋다.

02 | 감자에 꼬챙이나 젓가락을 꽂아 익은 것을 확인하고 건져내어 커다란 볼에 넣고 뜨거운 상태에서 감자 으깨는 도구나 푸드 밀(food mill)로 아주 곱게 갈아준다.

03 | 먼저 버터와 크림치즈를 조각내서 넣고 생크림과 사워크림을 넣어 섞은 뒤 달걀 노른자는 감자의 온도가 조금 낮아진 상태에서 넣어야 바로 익지 않는다.

04 | 소금과 후추로 간을 한다.

TIP

- 푸드 밀이 없을 때는 감자를 체에 넣고 고무 주걱으로 눌러서 으깨면 입자가 아주 고와진다.
- 매시드 포테이토가 남는 경우에는 냉장 보관을 2일 이상 하지 않도록 하고, 다시 사용할 때는 낮은 온도의 팬에 넣고 뜨거운 우유나 생크림을 조금씩 넣어가면서 다시 부드럽게 만들어 사용한다.
- 칼로리 걱정이나 유당 분해가 잘 안 된다면 사워크림, 크림치즈, 달걀 노른자, 버터, 크림을 빼고 감자를 익히고 나서 닭 육수와 올리브유를 활용해 만들면 된다. 단, 이때는 바로 먹어야 한다. 그렇지 않으면 감자가 쉽게 굳는다.

CREAMED SPINACH

크림 시금치

정통 스테이크 하우스에서 스테이크보다 먼저 어떤 사이드 요리가 올라오는지 살펴보자.
그리고 스테이크와 가장 잘 어울리는 사이드 요리를 찾아보자. 삶이 풍성하게 달라진다. 이
사이드 요리는 당신이 잘못 구운 스테이크라도 당신의 식탁을 A급 스테이크 하우스로 바꿔
줄 것이다.

———————————— **4인분 · 45분** ————————————

재료　시금치 600g, 버터 6큰술, 중력분 1/4컵, 양파 1개, 월계수 잎 1장, 정향 1개
　　　　우유 2컵, 소금 약간, 백후추 약간

———————————— **만드는 법** ————————————

01｜ 시금치는 찬물에 씻어서 잎만 따로 모은다.

02｜ 두꺼운 팬을 중간 불에 올려 버터 4큰술을 녹인다.

03｜ 중력분을 버터에 넣고 6분 정도 천천히 밝은 갈색(Brown Roux)이 나도록 볶아준다.

04｜ 팬에 다진 양파와 월계수 잎, 정향을 넣고 우유를 천천히 부으면서 응어리가 지지 않도
　　　록 저어가며 10분 정도 끓여 소스를 만든다.

05｜ 소금을 약간 넣은 물에 시금치를 2분 정도 데치고 얼음물에 담근다.

06｜ 시금치의 물기를 완전히 짠 뒤에 칼로 듬성듬성 다지거나 푸드 프로세서로 적당히 갈
　　　아준다.

07｜ 시금치를 만들어놓은 소스에 넣고 약한 불에서 5분 정도 익히다가 버터를 2큰술 더 넣
　　　고 소금과 백후추로 간을 한다.

———————————— TIP ————————————

- 시금치를 다듬을 때 약간의 줄기를 함께 넣으면 좀 더 터프한 느낌을 줄 수 있다.
- 익힌 시금치의 물기를 짤 때 마지막으로 페이퍼 타월을 사용해 물기를 완전히 제거한다.

THYME MUSHROOMS

타임을 넣은 양송이 버터 볶음

스테이크 하우스에서 이것만 3번을 시켜 먹은 적이 있다. 심각하게 채식주의자가 될 수도 있겠다 싶었던 순간 버터가 들어간 것을 깨닫고 역시 채식주의자가 될 수 없음을 인지하고 안심했다.

4인분 · 30분

재료   양송이 버섯 900g, 마늘 2알, 올리브유 1/4컵, 무염 버터 3큰술
화이트와인 식초 3큰술, 타임(생) 1큰술, 소금 약간, 후추 약간

만드는 법

01 | 양송이는 약 3등분으로 크게 자르고 마늘은 곱게 다져놓는다.

02 | 두꺼운 팬에 불을 중간 정도로 올리고 올리브유와 버터 2큰술을 넣고 녹인 뒤에 양송이를 10분 정도 익혀 갈색이 나면 다진 마늘을 넣고 2분 정도 더 익힌다.

03 | 화이트와인 식초를 넣고 바로 불을 끈다. 그 위에 다진 타임을 넣고 소금과 후추로 간을 한 뒤에 볼로 옮겨 뚜껑을 덮어서 뜸을 들인다.

04 | 먹기 바로 전에 다시 센 불에 올리고 버터 1큰술을 넣어서 버터가 녹으면 마무리한다.

MAC & CHEESE

맥 앤 치즈

몇 번이고 방송에서 말했지만 바로 이 음식이 덩치 크고 요리밖에 모르는 나를 여배우와 결혼하게 해준 음식이다. 그래, 질 좋은 버터와 치즈로 만든 음식의 끝은 결혼이다.

4인분 • 40분

재료 베이컨 3장, 마카로니 혹은 작은 건 파스타 220g, 우유 2 1/2컵, 너트맥 가루 약간
버터 4큰술, 중력분 1/2컵, 체더 치즈(분쇄) 1 3/4컵, 파르메산 치즈(분쇄) 1/3컵
소금 약간, 후추 약간

만드는 법

01│ 베이컨은 전자레인지나 팬을 이용해서 아주 바삭하게 구운 뒤 잘게 부수거나 잘라서
준비해둔다.

02│ 파스타는 소금을 약간 넣고 봉지에 쓰인 조리법에 맞게 삶아둔다.

03│ 우유는 냄비에 넣고 절대 끓지 않게 데우면서 너트맥 가루를 잘 섞어 넣는다.

04│ 또 다른 두꺼운 냄비에 버터를 중간 불로 녹이다가 중력분을 섞어 넣고 5분 정도 잘 섞
어서 루(Roux)를 만든다.

05│ 루에 우유를 천천히 넣으면서 풀어주다가 체더 치즈와 파르메산 치즈(약간만 남겨둔다)
를 넣고 녹여 소스를 만든다.

06│ 만든 소스에 파스타와 잘게 부순 베이컨을 넣고 잘 섞으면서 소금과 후추로 간을 한다.

07│ 파르메산 치즈 가루를 약간 뿌려준다.

TIP

• 파스타를 가장 맛있게 삶는 첫 번째 방법은 개인의 기호대로 삶는 것이다. 너무 '알 단테'에 집착하지
말자. 두 번째는 파스타 봉지에 써 있는 대로 시간을 맞추는 것이다.

BABY POTATO WITH CHILI BUTTER

칠리 버터를 곁들인 알감자

캐나다에서는 한참 알감자 철인 8~10월이면 이렇게 멋진 사이드 메뉴를 만들지 않으면 안 되기에 스테이크를 굽기도 한다. 한국도 이때가 가장 맛있는 알감자 철이다. 그럼 맛있는 알감자가 만들어질 동안 스테이크를 구워보자. 이번에는 스테이크가 사이드다.

4인분 · 30분

재료   알감자 650g, 무염 버터 3큰술, 마늘 2알, 홍고추 2개, 파슬리 약간
소금 약간, 후추 약간

만드는 법

01ㅣ 알감자는 소금을 넣은 물에 15~20분 껍질이 저절로 까지기 전까지 삶는다.

02ㅣ 팬에 버터를 녹이고 잘게 썬 마늘과 씨를 빼서 잘게 썬 홍고추를 30초 정도 볶아 칠리 버터를 만든다.

03ㅣ 삶은 알감자를 칠리 버터에 넣고 잘 섞다가 소금, 후추로 간을 하고 잘게 다진 파슬리를 뿌린다.

BRAISED LENTIL

렌틸콩 조림

돼지고기라면 어떤 부위를 요리하더라도 이보다 잘 어울리는 사이드 메뉴를 찾기가 쉽지 않을 것이다. 만약 당신이 이를 뛰어넘는 조합을 찾아낸다면 분명히 주변 사람 몇몇이 이런 말을 할 것이다. "가게 해봐!"

─────────── **4인분 · 30분** ───────────

재료 샬롯 4개, 셀러리 1대, 당근 1/2개, 마늘 2개, 타임(생) 약간
렌틸콩(캔) 300g, 닭 육수(2권 『닭과 달걀』 54쪽 참조) 렌틸콩이 잠길 만큼
레드와인 식초 1큰술, 소금 약간, 후추 약간, 버터 2큰술

─────────── **만드는 법** ───────────

01│ 팬에 기름을 두르고 잘게 썬 샬롯과 셀러리, 당근, 으깬 마늘을 넣어 잘 볶다가 타임을 넣어 향을 낸다.

02│ 캔에서 꺼낸 렌틸콩을 물로 씻어서 말린 뒤 ①에 넣고 잘 섞다가 레드와인 식초를 넣고 볶은 다음 닭 육수를 넣어서 졸여둔다.

03│ 먹기 전에 소금과 후추로 간을 하고 버터를 약간 넣어 데운다.

BACON DOUGHNUTS

베이컨 도넛

베이컨은 옳다. 평범한 햄버거를 두 배 가까운 가격으로 끌어올리기도 하고, 평범한 달걀 요리 옆에 베이컨 몇 줄만 곁들여도 브런치라는 이름으로 멋지게 바꿔준다. 그런 베이컨을 도넛에 넣어보자. 가격이 아니라 맛이 오른다.

25개 · 12시간~24시간

재료　우유 225ml, 드라이 이스트 14g, 설탕 20g, 버터 200g, 베이컨 6줄
　　　　베이컨 기름(굳힌 것) 25g, 달걀 5개, 강력분 450g, 호두 50g(취향대로 적당히)
　　　　소금 약간, 설탕 약간, 시나몬 가루 약간

만드는 법

01| 따뜻하게 데운 우유에 드라이 이스트와 설탕 10g을 넣어서 15분 정도 상온에서 숙성한다.

02| 베이컨은 잘게 잘라서 바삭하게 굽고 기름은 따로 모아서 굳힌다.

03| 반죽할 그릇에 나머지 설탕과 버터, 굳힌 베이컨 기름을 넣고 크림 형태가 되도록 잘 섞다가 달걀을 하나씩 넣어서 섞는다.

04| ①을 ③에 넣고 강력분과 소금을 체로 쳐서 넣어 반죽을 완성한다.

05| 반죽은 약간 젖은 타월을 덮어서 12~24시간 냉장고에 보관한다.

06| 반죽을 약 1.5cm 두께로 밀고 반죽 위에 잘게 잘라 구운 베이컨과 잘게 부순 호두를 올리고 접어서 약 3cm 굵기의 도넛 반죽을 만든다.

07| 원하는 모양으로 찍어내고 170°C 기름에 3~4분 튀긴 뒤에 건져서 설탕과 시나몬 가루를 묻히면 완성이다.